Precious Appreciation

行家宝鉴

U0298809

寿山石之 高山石

王一帆 著

海峡出版发行集团
THE STRAITS PUBLISHING & DISTRIBUTING GROUP | 福建美术出版社
FUJIAN FINE ARTS PUBLISHING HOUSE

图书在版编目（ＣＩＰ）数据

寿山石之高山石 / 王一帆著 . -- 福州 : 福建美术出版社 , 2015.7

（行家宝鉴）

ISBN 978-7-5393-3361-8

Ⅰ . ①寿… Ⅱ . ①王… Ⅲ . ①寿山石 – 鉴赏②寿山石 – 收藏

Ⅳ . ① TS933.21 ② G894

中国版本图书馆 CIP 数据核字 (2015) 第 144984 号

作　　者：王一帆

责任编辑：郑婧

寿山石之高山石

出版发行：海峡出版发行集团

　　　　　福建美术出版社

社　　址：福州市东水路 76 号 16 层

邮　　编：350001

网　　址：http://www.fjmscbs.com

服务热线：0591-87620820（发行部）　 87533718（总编办）

经　　销：福建新华发行集团有限责任公司

印　　刷：福州万紫千红印刷有限公司

开　　本：787 毫米 ×1092 毫米　　1/16

印　　张：7

版　　次：2015 年 8 月第 1 版第 1 次印刷

书　　号：ISBN 978-7-5393-3361-8

定　　价：68.00 元

编者的话

　　这是一套有趣的丛书。翻开书，丰富的专业知识让您即刻爱上收藏；寥寥数语，让您顿悟收藏诀窍。那些收藏行业不能说的秘密，尽在于此。

　　我国自古以来便钟爱收藏，上至达官显贵，下至平民百姓，在衣食无忧之余，皆将收藏当作怡情养性之趣。娇艳欲滴的翡翠、精工细作的木雕、天生丽质的寿山石、晶莹奇巧的琥珀、神圣高洁的佛珠……这些藏品无一不包含着博大精深的文化，值得我们去了解、探寻和研究。

　　本丛书是一套为广大藏友精心策划与编辑的普及类收藏读物，除了各种收藏门类的基础知识，更有您所关心的市场状况、价值评估、藏品分类与鉴别以及买卖投资的实战经验等内容。

　　喜爱收藏的您也许还在为藏品的真伪忐忑不安，为藏品的价值暗自揣测；又或许您想要更多地了解收藏的历史渊源，探秘收藏的趣闻轶事，希望这套书能够给您满意的答案。

Precious Appreciation

行家宝鉴

寿山石之高山石

目录

寿山石选购指南

寿山石的品种琳琅满目，大约有100多种，石之名称也丰富多彩，有的以产地命名，有的以坑洞命名，也有的按石质、色相命名。依传统习惯，一般将寿山石分为田坑、水坑、山坑三大类。

寿山石品类多，各时期产石亦有所不同，对于其品种之鉴别，须极有细心与耐心，而且要长期多观察与积累经验。广博其见闻，比较分析其肌理、石性等特质。比如，同样是白色透明石，含红色点的称"桃花冻"，而它又有水坑与山坑之别，其红点之色泽、粗细、疏密与石性之变化又各有不同，极其微妙。恰恰是这种微妙给人带来乐趣，让众多爱石者痴迷。

正因为寿山石品类多，变化大，所以石种品类的优劣悬殊也大，其价值也有天壤之别。因此对于品种及石质之辨别极为重要。

石 性	质 地	色 彩	奇 特	品 相
识别寿山石的优劣、价值，不外石性、质地、色泽、品相、奇特等方面。有人说，寿山石像红酒，也讲出产年份。一般来讲，老坑石性稳定，即使不保养，它也不会有像新性石因水分蒸发而发干并出现格裂的现象，所以老性石的价格比新性石高。	细腻温嫩、通灵少格、纯净有光泽者为上。	以鲜艳夺目、华丽动人者为上，单色的以纯净为佳。	纹理天然多变，以奇异为妙。	石材厚度宜适中，切忌太厚，以少格裂为好。

当然，每个人在收集、购买寿山石时，都会带有自己的想法和选择：有的单纯是为了观赏，有的是为了保值增值而做的投资，有的甚至只为了满足猎奇的心理，或者兼而有之，各人都有自己的道理。但购买时要懂得一些寿山石的常识，不要人云亦云、跟风或者贪图小便宜。世上没有无缘无故的便宜货，天上不会掉下馅饼，卖家总是心知肚明，买家需要的则是眼力。如果什么都不懂就胡乱购买一通，那就可能如人说的"一买就受伤，当个冤大头"。

寿山石是不可再生资源，随着时间的推移，一定会越来越珍贵。所以每个爱石者若以自己个人的爱好和经济能力收藏寿山石，一定是件愉悦的事，既可以带来美的享受，又能有只升不跌的受益，何乐而不为呢！

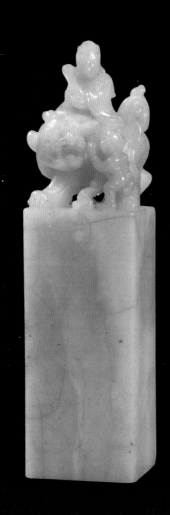

童子拜观音钮方章 · 林炳生 作

高山石

夔凤钮方章 · 潘玉茂 作
桃花红高山石

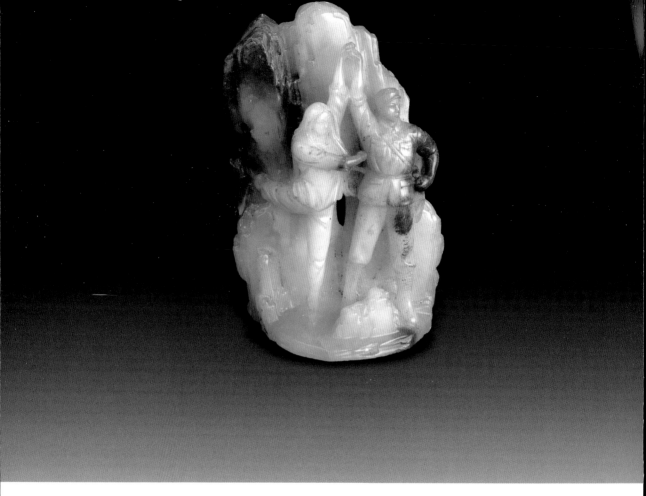

白毛女 · 佚名 作
高山石

山水薄意对章 · 林清卿 作
高山石

双仕女 · 林发述 作
高山石

求偶鸡 · 陈敬祥 作

高山石

金鱼 · 朱辉 作
水洞高山石

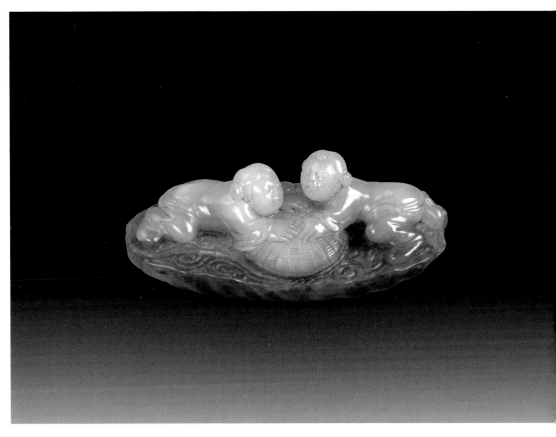

和合二仙 · 逸凡 作
高山石

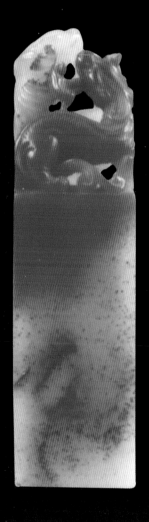

桃花双螭钮方章 · 林寿煁 作
高山石

鳌鱼钮章 · 郑仁蛟 作
老高山石

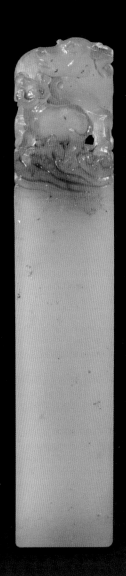

东方朔浮雕方章·林元珠 作
老高山石

母子牛钮章·旧工
老高山石

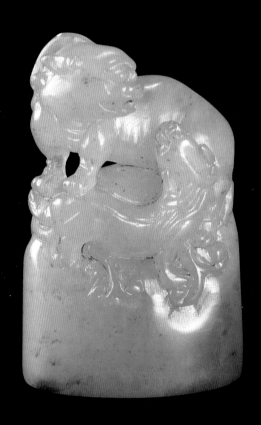

双螭图·民国旧工
老高山石

第一节

高山石总述

　　高山峰位于寿山村外洋，海拔983米。山峰青翠挺拔，与北面的旗山相峙，是寿山三大主峰之一。上寿山探胜，还未进村，首先映入眼帘的就是高山。光秃秃的山头上，各个矿洞泻下的矿渣土，形成了许多高高低低、大小不一的石流。别看高山不甚起眼，但其开采历史之悠久、石材品种之繁多、色泽之丰富、块头之巨，矿区产石量之大，山中矿脉延伸之广和新石种之层出不穷，都堪称寿山之最，是优质寿山石的主要产地之一。

　　在寿山石中，高山的地位十分重要，石农都说高山是寿山石的"主心骨"，是矿区的轴心。高山像一位伟大的母亲，孕育了"石王"——名贵的田黄石的坯胎就是缘于母矿高山石，又抚爱着玉骨冰肌的"水晶公主"——晶莹剔透的水坑石也是出产在高山麓坳的地下。从高山向后方眺望，就是加良山脉，是雍容华贵的"石后"芙蓉石的诞生地。以高山为中心，四面绵延而去的山峦岩层中，还蕴藏着许多五颜六色的山坑石。

人们都说高山石的开采历史十分悠久。寿山石应用于雕刻工艺品，可以追溯到一千五百多年前，但是，从目前掌握到的资料，尚无法证明寿山石矿在那个时代已经开发，故寿山石在南北朝时是否已经开采，尚有待于更多的资料来证实。

《宋会要辑稿》记载，"绍兴七年六月十九日话：明堂大礼，合用玉爵，系是宋庙行礼使用，今来阙玉，权以石代之，可令福州张致远收买寿山白石，依样制造，务在朴素。"这是至今所见到的关于寿山石的最早文字记录。而后的南宋梁克家编纂的《三山志》也记载："寿山石洁净如玉，大者可一二尺，柔而易攻，盖珉类也。"

说明宋代时，寿山寺院的僧侣已在高山峰凿洞采石，号称寿山第一洞的"和尚洞"就是当年僧人开凿的，可惜如今遗迹被渣土封盖了，只留下也是僧人开凿的"大洞"遗迹。明朝崇祯年间，寿山广应寺被火烧毁，后人在寺院的遗址挖掘出了各种寿山石，其中就有高山石，足见高山石在明代之前已被开采。此后，高山石的开采几乎没有间断过。

清代查慎行的《寿山石歌》，有"日役万指佣千工，掘田田尽废，凿山山尽空"的诗句，就是对当时采石情况的生动描绘。

高山矿洞

高山峰远眺

　　20世纪50年代后，寿山石开采业重新兴盛，主要开采高山石、奇降石、柳坪石与虎岗石等，其中高山石的产量最大。20世纪70年代初，国家拨款开采寿山石矿，修筑了从寿山村口通往高山新洞的公路，这是寿山村第一次有公路通到矿洞，为现代石农采石运石带来了许多方便。国家的投资为寿山石开采带来了全新概念，矿洞中第一次通电照明，第一次使用机械钻石开采。1978年，这个矿移交给寿山村委会经营开采。20世纪80年代初，高山出产了太极头石，其质地与色泽均十分美艳；同一时期，还出产了新品种"四股四"高山石；1987年，高山奉献出艳丽无比的新品种"荔枝洞石"；1989年出产新品种"鸡母窝"高山石。近年因高山山内矿洞交错密布，有百余个之多，有如蜂巢，所以开采危险性很大。1997年曾下了一场特大暴雨，高山发出"轰隆"一声巨响。因在半夜，寿山村的人以为地震，到了第二天才知道是高山主峰崩塌了十几米，裂开的地方像开口的大嘴朝天而啸。为安全起见，近年高山所有矿洞口都用砖垒封起来，处于禁止开采的状态。

　　与其他产区相比，高山有三个第一：一是高山峰矿洞分布最密、数量最多；二是品种最多，而且色泽最为鲜丽多彩；三是产量最大，巨型原石最多。所以高山石被公认是寿山石中最有代表性的石种，是雕刻艺术品的理想材料。

第二节

高山石的分类与特征

　　高山峰矿洞密布，每个矿洞出产之高山石的特征有别，每个矿洞也都有不同名称：例如"大健洞"、"和尚洞"、清朝张世元挖掘的"世元洞"、民国时期石农嫩嫩开凿的"嫩嫩洞"等是以洞主的名字命名的；"大洞"、"水洞"是以矿洞的特征命名的；"玛瑙洞"因原石的色泽纹理而得名；"荔枝洞"则因洞口的野荔枝树得名；"鸡母窝"、"太极头"取于地名；"四股四"是由于四位石农合股开采而得名；"民国二"取名于出石年代；而对零星埋藏的独石，称之为"掘性"高山石或"鲎箕石"；20世纪70年代国家大规模开掘的矿洞称为"新洞"——仅从这许多别致的矿洞名称，就可以想象高山石的丰富多彩。

　　山坑石是寿山石中最大的家族，而高山石又是山坑石中最大的家庭。兄弟姐妹、子子孙孙、俊男靓女很多，而且都有各自的美名。高山石品种繁多，品质等级差距极大，石色瑰丽多彩，红、黄、白、黑、灰、青各色具备，而且还各有浓淡深浅之分，变化多端。以色泽命名者，凡单色多以色而定名，各色中又因象取号。

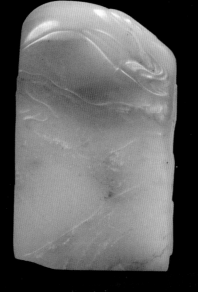

松鹤延年扁方章 · 林其俤 作
白高山石
白高山石在经过长时期的把玩后会形成"包浆"，色会变
黄，显得沉稳。

按色彩不同分类有：

白高山石、黄高山石、红高山石、虾背青高山石、巧色高山石等。

白高山石：

即白色的高山石。依色泽分为藕尖白高山、猪油白高山、象牙白高山、鸡骨白高山、瓷白高山等，以藕尖白为上，猪油白次之。

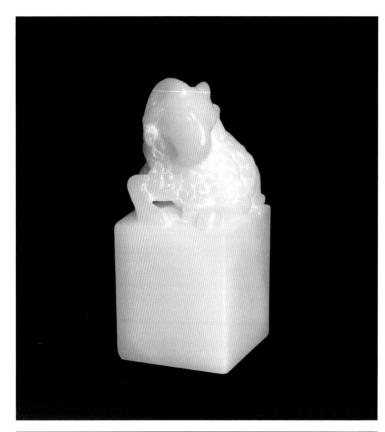

猪油白高山石

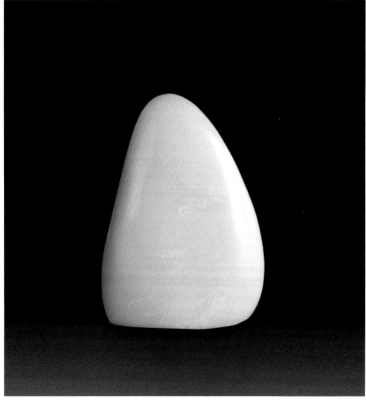

鸡骨白高山石原石

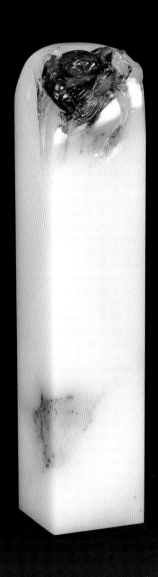

象牙白高山石章

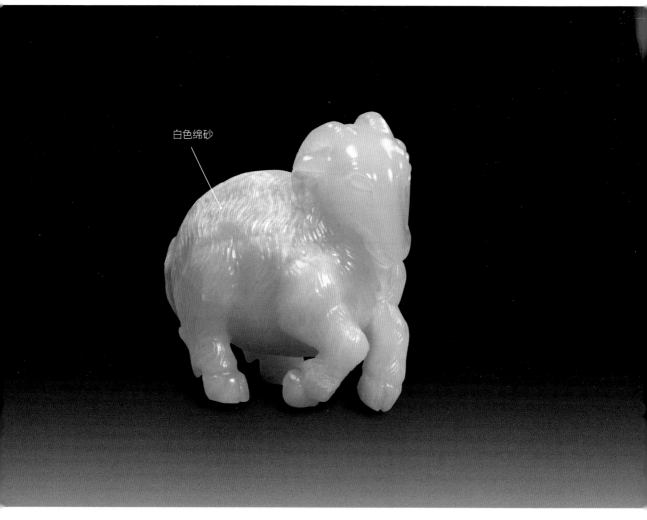

白色绵砂

羊·逸凡 作
白高山石

　　带白色绵砂常被视作鲎箕石的标志，但实际上并非如此。这块就是带棉砂的高山石而非鲎箕石。鲎箕石是独石，而这块是洞产的。

　　早年在石雕工厂，遇到这种带棉砂的高山石，因雕刻修光困难，修光刀容易变钝，且即使雕刻成品了，绵砂也打磨不光亮，所以绵砂部分常被切掉。

　　此石羊头部分的白即藕尖白。

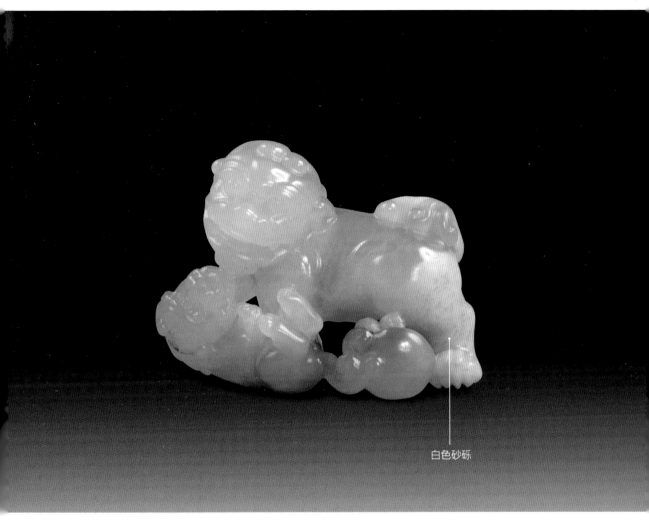

白色砂砾

太狮少狮 · 逸凡 作

白高山晶石

　　高山石带白色砂砾部分的旁边往往会生成结晶体，这点特征和荔枝洞石一样，但荔枝洞石丝纹明显，而高山石一般没有。

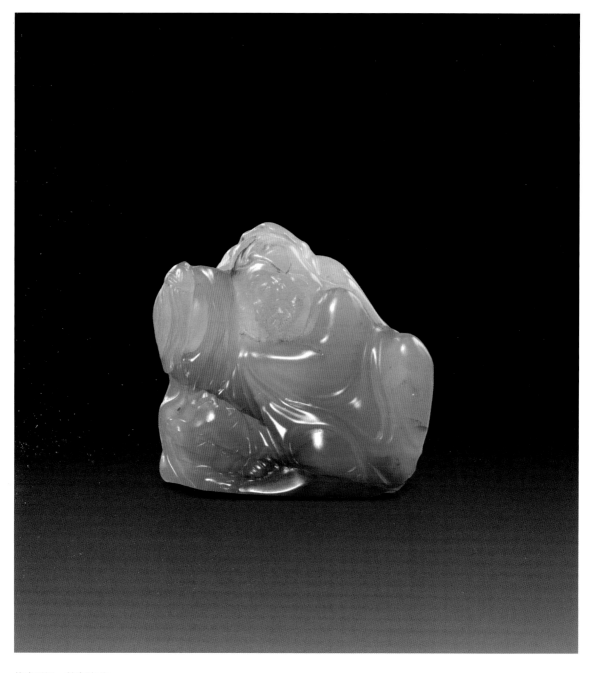

伏虎罗汉·姜海清 作
蜜黄高山石

黄高山石：

即黄色的高山石。因色泽的变化，还可分为蜜蜡黄高山、杏黄高山、柑黄高山、蜜黄高山

等。黄高山石质佳者可与田黄石、都成坑石相媲美。

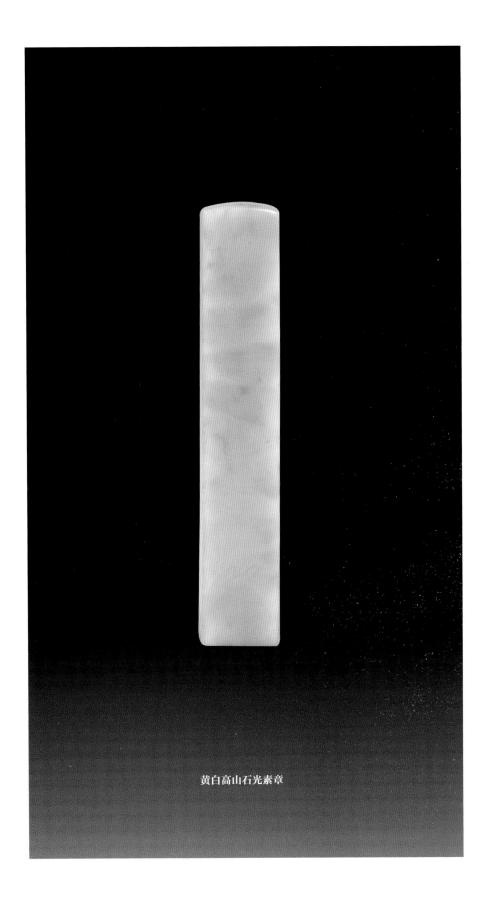

黄白高山石光素章

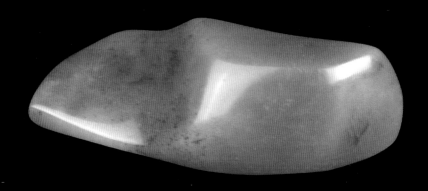

红高山原石

红高山石：

　　即红色的高山石。据色泽的浓淡深浅，分美人红高山、朱（丹）砂红高山、石榴红高山、荔枝红高山、玛瑙红高山、酒糟红高山、瓜瓤红高山及桃晕红高山石等等，其中以玛瑙红、石榴红最珍贵，美人红、朱砂红次之，其他再次之，酒糟红最次。

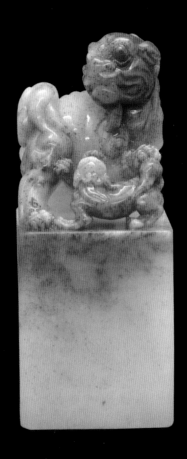

太狮少狮钮章·陈为新 作

瓜瓤红高山石

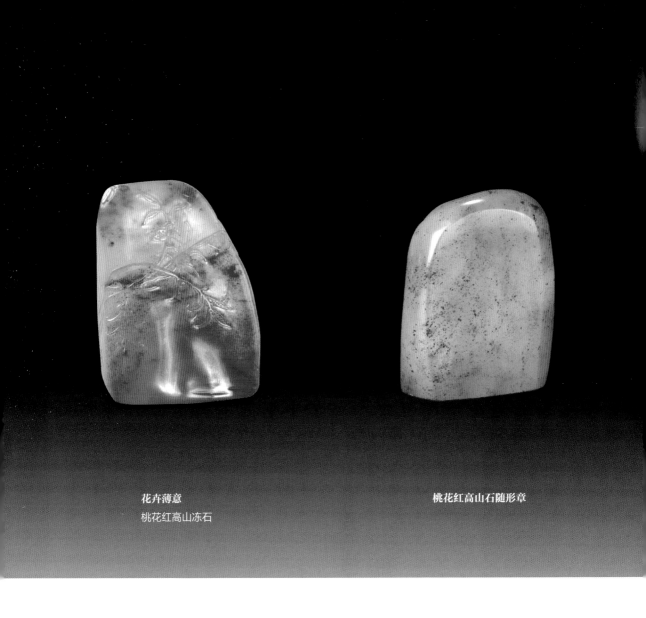

花卉薄意
桃花红高山冻石

桃花红高山石随形章

桃花高山石与朱砂高山石：

桃花高山石是白地上散落着稀疏的红点，犹如桃花点点，红白对比强烈；朱砂高山石的红点浓且密集，红如丹砂。

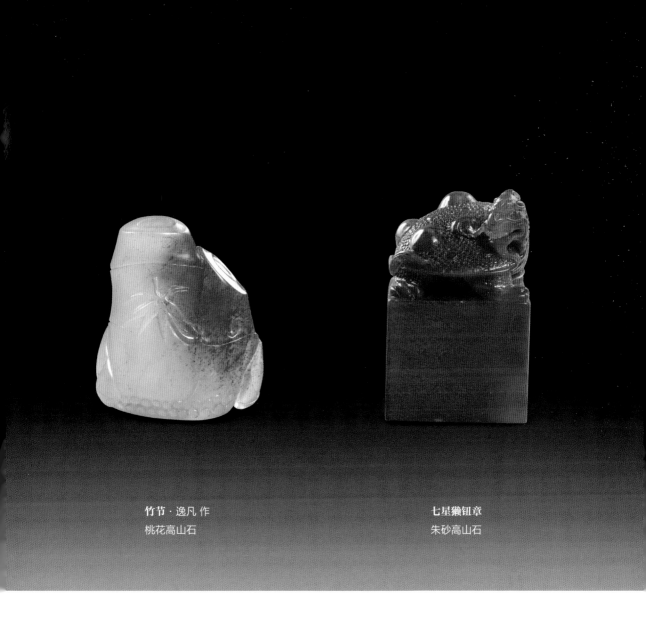

竹节 · 逸凡 作
桃花高山石

七星獭钮章
朱砂高山石

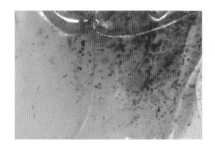

桃花高山石：
白底上散落着稀疏若桃花的红点。

朱砂高山石：致密有序的红点。

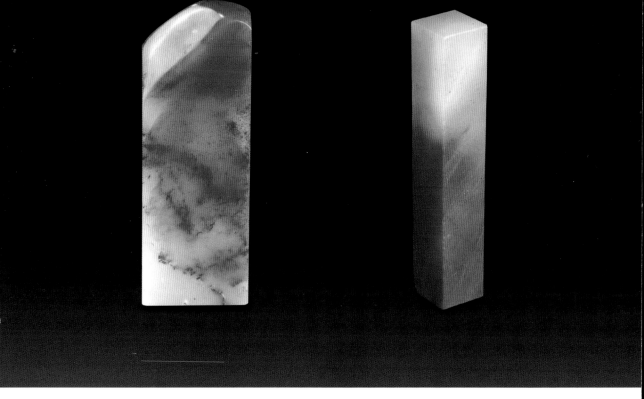

桃花高山石素章　　　　　　　　　朱砂高山石素章

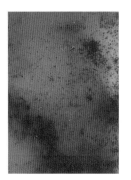

桃花肌理

朱砂肌理

古兽手件
朱砂高山石

瑞兽把件
漳州石

漳州石与朱砂高山石：

漳州石产于福建漳州市平和县，质优者很像高山石，但其质地不如高山石细腻，刀感涩，磨光后亮度也不及高山石。

伏虎罗汉 · 林炳生 作

巧色高山石

此石中的红色即石榴红，民间俗语形容其"石榴红，红似火"。

女娲补天
朱砂高山石

犰 · 逸凡 作
红高山石

冀马 · 逸凡 作
酒糟红高山石

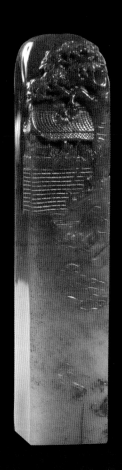

无量寿佛·逸凡 作
朱砂红高山石

桃源洞天章·石秀 作
朱砂高山石

古兽钮·佚名 作
虾背青高山石

色如淡墨，质地通灵，有如虾背

虾背青高山石：

色如淡墨，质地通灵，有浓淡纹理，有人将它归黑高山类，实大错
也。《后观石录》称其"通体浅墨如虾背，而空明映澈，时有浓淡，如
米家山水，旧品所称春雨初足，水田明灭，有小米积墨点苍之形是也。"
其重点在于空明映澈之通灵，而不是"黑"可言明的。

双兔钮·逸凡 作
巧色高山石

巧色高山石：

泛指二色、三色乃至多色相间的高山石。产量最大，石材中色泽每层由浓化淡逐一过渡。古人称为"二合一"、"三合一"。其色深浅浓淡分明。《后观石录》载："二合一，钮蜜魄色，身玛瑙色。金貌钮，通体朗澈，而二色截然。""三合一，首青羚立钮，身如羊脂垂以药黄，一钮三色也。"

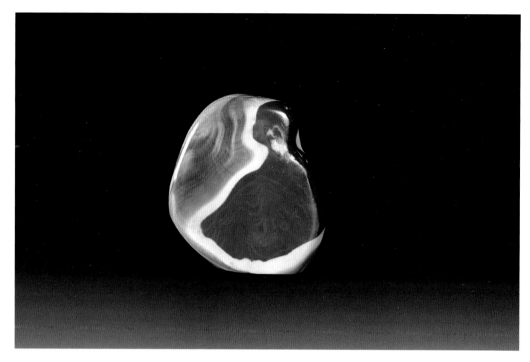

山秀园原石

巧色高山石素章

此章白红黄黑诸色皆备，一面高山石特征明显，而另一面色界分明，乍一看似山秀园石，颇为奇特。然与山秀园对比，高山石的灵度更佳，仔细观察容易辨别。

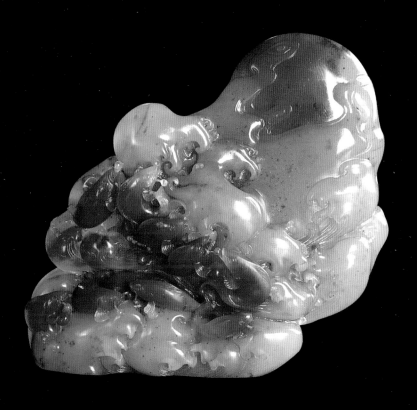

九鲤朝阳·何木金 作
巧色高山石

老性高山晶石六面平方章

高山冻石素方章

高山冻石与高山晶石：

凡是质地凝结、透明度强、表面十分光亮的高山石称之"冻"；质地凝结，透明度强，不但表面光亮，而且肌理也十分晶莹、通透、清澈者谓之"晶"，晶者上品也。两者皆多为黄色与白色，白色石较多，黄色的则稀罕。

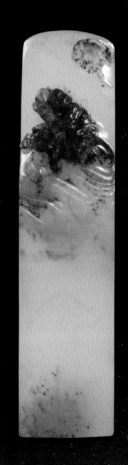

羊·石磊 作　　　　　　　　牧童过溪·逸凡 作
高山冻石　　　　　　　　　高山冻石

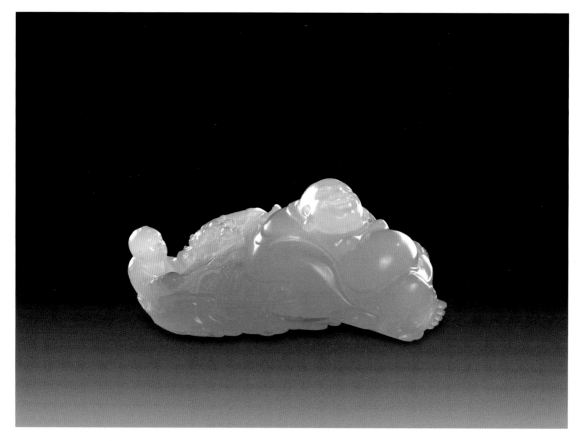

弥勒
高山晶石

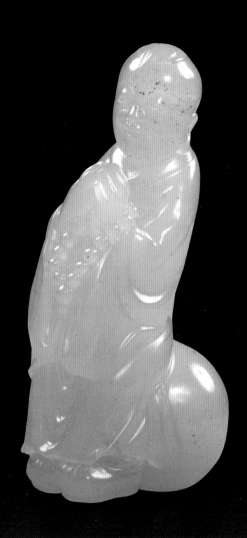

阿弥陀佛 · 逸凡 作
高山冻石

红黄白高山晶石

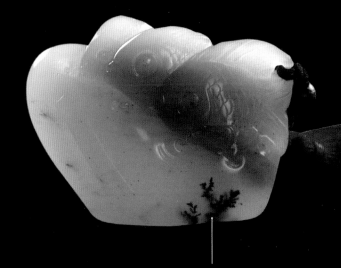

天然生成的水草纹理

鱼
高山水草冻石

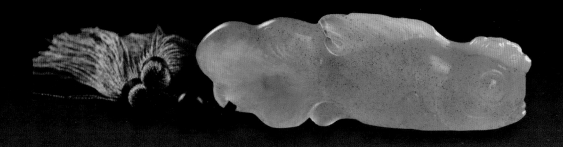

金鱼
高山冻石

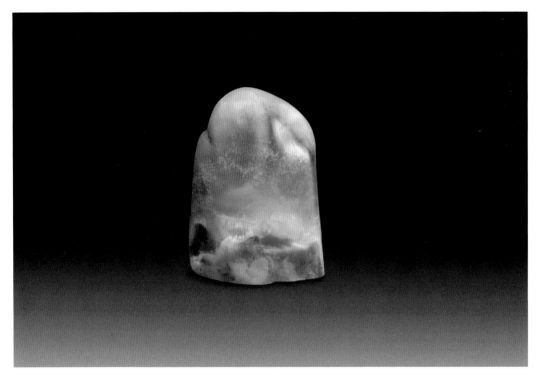

鱼籽冻高山原石

　　此石的黄色点状肌理犹如新鲜之鱼籽，颇
为奇特，在高山石中很少见。

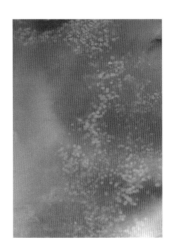

高山冻石与坑头冻石：

　　坑头冻石的砂质较硬，无法奏刀，俗称"铁
砂"。而高山冻石的砂质较坑头的软，可以奏刀。

鱼籽冻

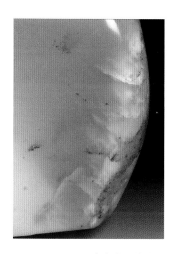

高山冻石的砂质

坑头冻石的砂质

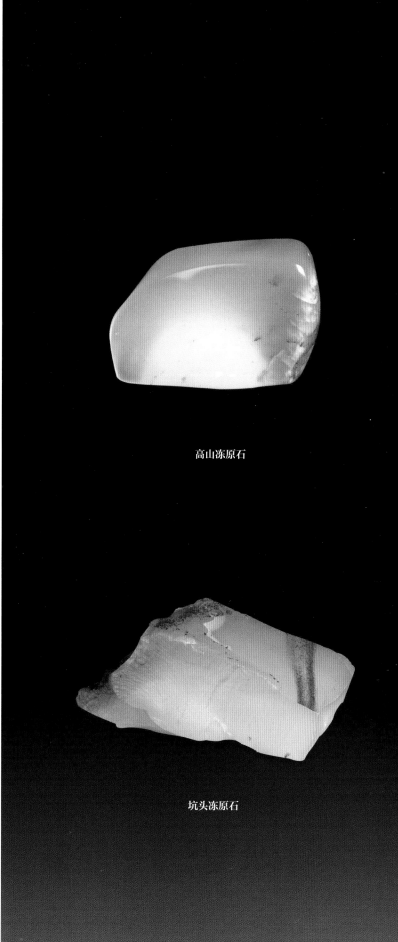

高山冻原石

坑头冻原石

高山牛角冻石章

坑头牛角环冻石

高山牛角冻石与水坑牛角石相比，质地较松。水坑牛角冻石更为凝结、通透、晶莹。

高山石中亦有与水坑石相近的石种，如高山环冻石、高山牛角冻石、高山鱼脑冻石、高山鱼鳞冻石、高山鳝草冻石等。这些品种与水坑同类冻石相比，石性没水坑石坚硬。石质之结晶通灵度稍逊于水坑石，仔细对比可以鉴别。

高山环冻石（用油养之前）　　　　　　　　　高山环冻石（用油养之后）

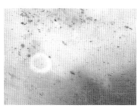

　　此高山环冻石上油前有明显的数个环冻，而上油后放置了约一个月后大多数环隐藏不见了，只要将油晾干再放置一段时间环又会重新现出，因此有人说"高山石是活的"。

高山红鳝草冻石素章

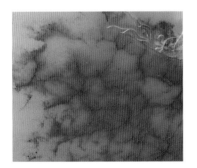

鲤鱼跃龙门钮对章·旧工
巧色粗高山石

粗高山石：

石质粗、不通灵、色泽亦不鲜艳，入油则石温，否则干燥。

寿山第一洞——高山和
尚洞矿洞，其洞口早已
被渣土淹没。

高山各洞所出之石以矿洞定石名，其石质亦各具特点。按矿洞的不同分类有：

　　和尚洞高山石、大洞高山石、玛瑙洞高山石、油白洞高山石、大健洞高山石、世元洞高山石、水洞高山石、嫩嫩洞高山石、四股四高山石、太极头高山石、鸡母窝高山石、高山鲎箕石等。

　　和尚洞高山石：

　　是寿山有记载开凿的第一个矿洞，故有"寿山第一洞"之称。产于高山峰顶，该洞传说为明朝寺僧所凿，亦传系宋代寿山禅寺僧侣开凿。洞极古老石，亦绝产多年，因年代久远今能见之甚少。近代有石农重新开凿，出石称新和尚洞石，石性细结，微透明，多土红色或灰红色。

犀牛望月·逸凡 作
大洞高山石

大洞高山石：

　　一名古洞，位于高山"和尚洞"下方，亦为古代僧人所开凿，因矿洞深且大，故以"大洞"号之。石质较为坚硬，有白、黄等色，或各色交杂，偶有透明结晶体，称"大洞晶石"或"大洞冻石"。

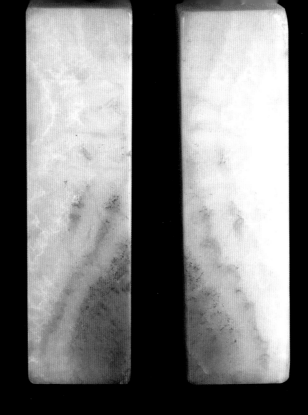

大洞高山对章

高山石常带有各种纹理，且石材大，因此处理成对章
时，常常从纹理中间切开，形成这种有趣的效果。

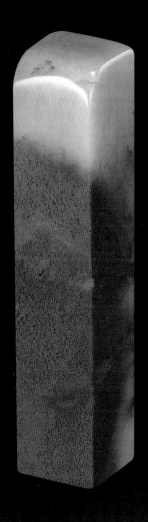
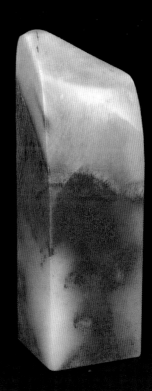

大洞高山石素章两方

春江水暖图·逸凡 作
玛瑙洞高山石

玛瑙洞高山石：

其矿洞位于"大洞"下方，据传亦为明朝僧侣所开凿，色多红、
黄两种，石中时有裂纹出现，其质纯者似玛瑙，故名"玛瑙洞"。
红者称玛瑙红高山石，黄者称玛瑙黄高山石。

富贵安康·陆祥雄 作
玛瑙洞高山石

海之女 · 刘丹明（石丹）作
玛瑙洞高山石

花开富贵·叶子 作
玛瑙洞高山石

玛瑙洞高山石原石

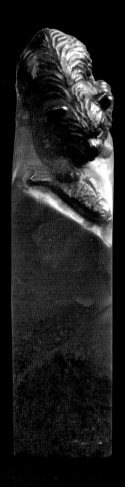

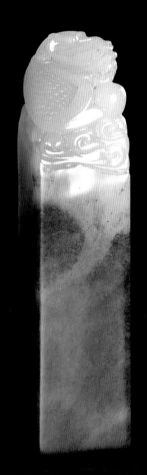

美食 · 逸凡 作
玛瑙洞高山石

鳌鱼钮 · 张心杰 作
玛瑙洞高山石

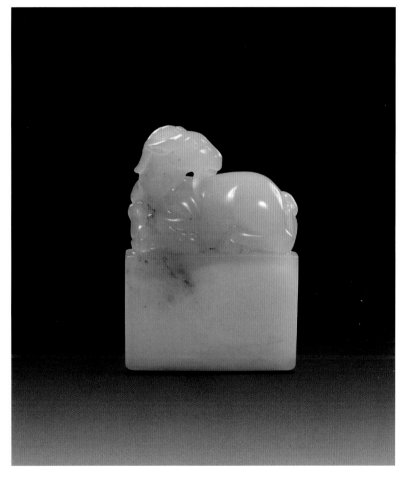

羊·逸凡 作

油性高山石

此章原是不通透的白高山石，经长期油养后，上半部分渐渐变得通透，因此石农说油性高山嗜油，油养得越久质地越好。

油白洞高山石：

20世纪20年代初开发，属"大洞"之支洞，石质通灵微松，色多乳白或微黄，似油脂，石中时有如"花生糕"的点点色斑块。此类高山石经油浸渍，石质会逐渐明净起来，乳白色泽亦会转为牙黄或淡黄，但长期脱油又会恢复原状。因为嗜油，故别号为"油性高山石"。

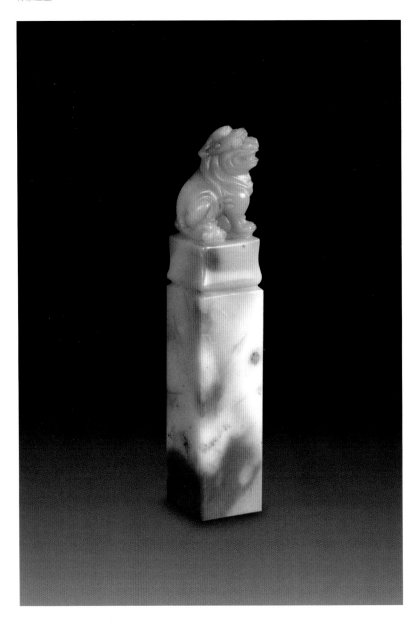

独角兽 · 张心杰 作
大健洞高山石

大健洞高山石：

在"和尚洞"旁的支洞，该矿洞为清朝时石农黄大健所凿，故得名。
石性稍硬，石中时有砂格，易开裂，石质逊于和尚洞高山石。

世元洞高山石：

其矿洞在"大健洞"后侧，为清朝张世元首先开发，故名之。石质
稍坚硬，色泽鲜艳，以红、白二色最为常见。

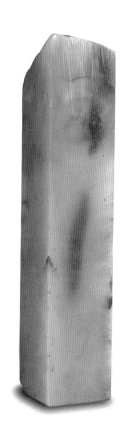

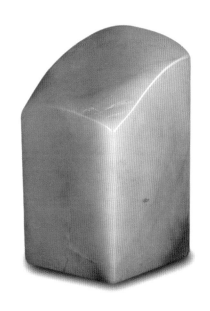

水洞高山石素章两方

水洞高山石：

位于"世元洞"下方，为 20 世纪 40 年代始开采。矿洞深入地下，常年滴水，所以得"水洞"之名。出产有两种质地不大相同的石。一是红和黄，层界分明，红者质较细，微透明而略润，胜于一般高山石；黄者质较红者略逊，但透明如水晶，多桂花黄色，相当艳丽。另一种全透明如白水晶，质稍松，洁白或略带淡黄者旧称"笋玉"、"象玉"，经油浸，质、色皆益佳，可与水坑冻石媲美，久不保养则干涸透明度差矣。

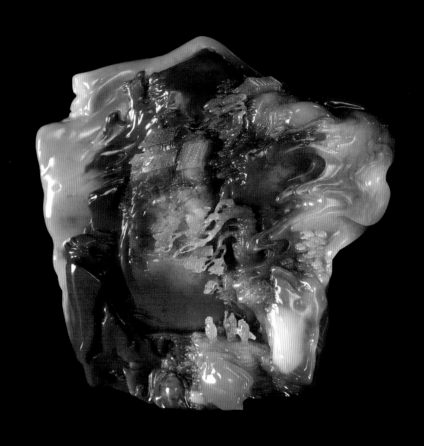

抱琴访友·黄功耕 作

水洞高山石

刘海戏蟾 · 赵飞 作
水洞高山石

还是两个好 · 逸凡 作
水洞高山石

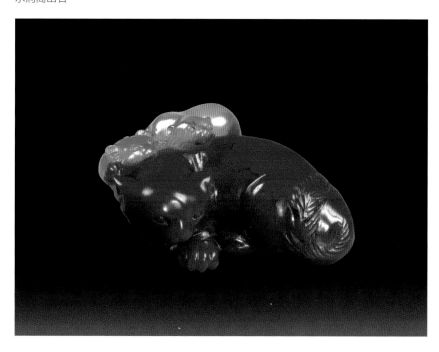

日暮归牛 · 叶子 作
水洞高山石

戏球狮钮方章 · 温九新 作
水洞高山石

笑迎天下 · 刘丹明（石丹）作
水洞朱砂高山石

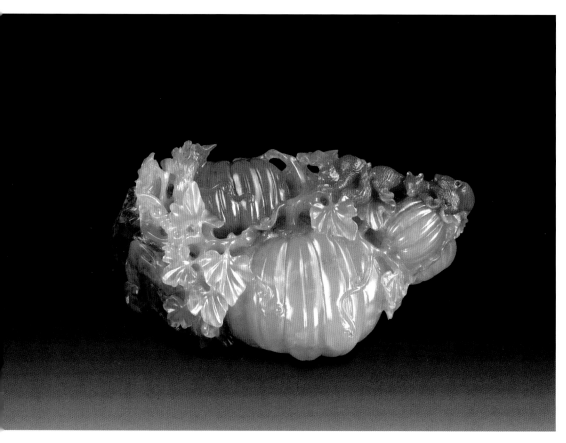

福瓜 · 刘丹明（石丹）作
水洞桃花高山石

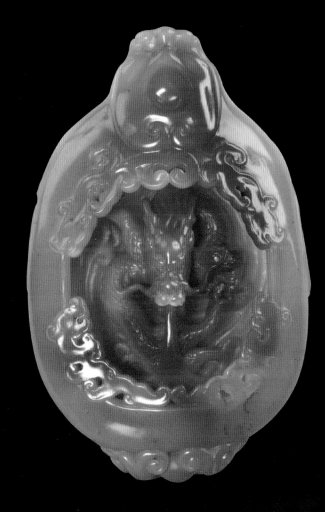

水盂 · 石瑞 作（石痴藏）
水洞高山石

仁者寿 · 刘丹明（石丹）作
水洞高山石

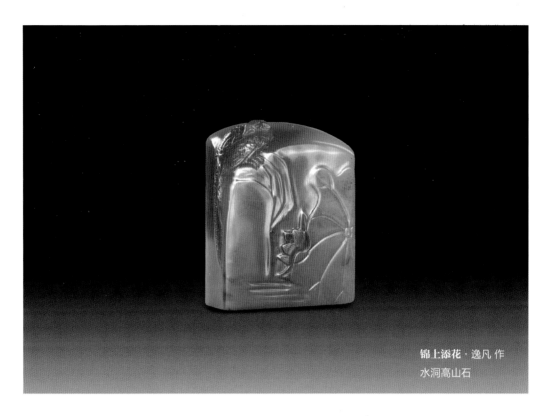

锦上添花·逸凡 作
水洞高山石

游春图·刘丹明（石丹）作
水洞高山石

瓜瓤红嫩嫩洞高山石素章

嫩嫩洞高山石：

洞址与"水洞"相邻,以开凿石农嫩嫩而取名。该洞于民国二年(1912年)时曾出一批珍品,石性通灵细腻,肌理隐细密丝纹,色多凝白,世人称为"民国二高山石"。惜已绝产,今难见之。

无量寿佛·林清卿 作
嫩嫩洞高山石（民国二高山石）

山水薄意章
嫩嫩洞高山石（民国二高山石）

　　左图是经过把玩后包浆了的民国二高山石，呈偏黄的白色，色泽沉稳。

　　右图是未经长时间把玩的，呈猪油白色。

安能辨我是雌雄·逸凡 作
四股四高山石

四股四高山石：

其矿洞位于"水洞"东面百余米处，20世纪80年代初由黄忠梓等四家石农合股开采出产而得名。其石质比其他洞高山石稍坚，多呈夹板状的色层，白、黄、红、灰等色相间，质地透明或半透明，其石性、色泽与都成坑石的特征类似。

四股四高山石矿洞

四股四高山原石

网状丝纹肌理

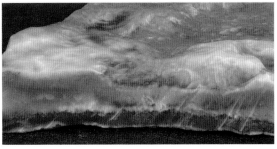

分明的色层

四股四高山原石

此石白红黄黑诸色皆备，石中红筋明显，且带有瓜瓤丝纹，质地稍坚，四股四高山石的特征明显。

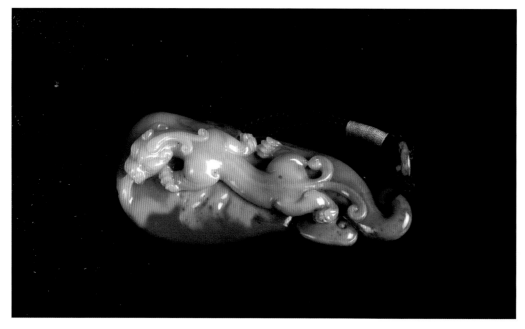

古兽把件

四股四高山石

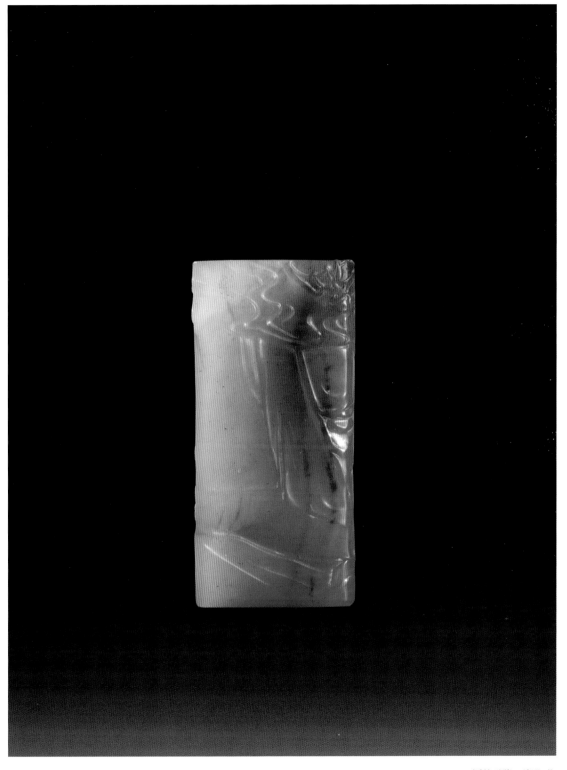

福从天降·逸凡 作

四股四高山石

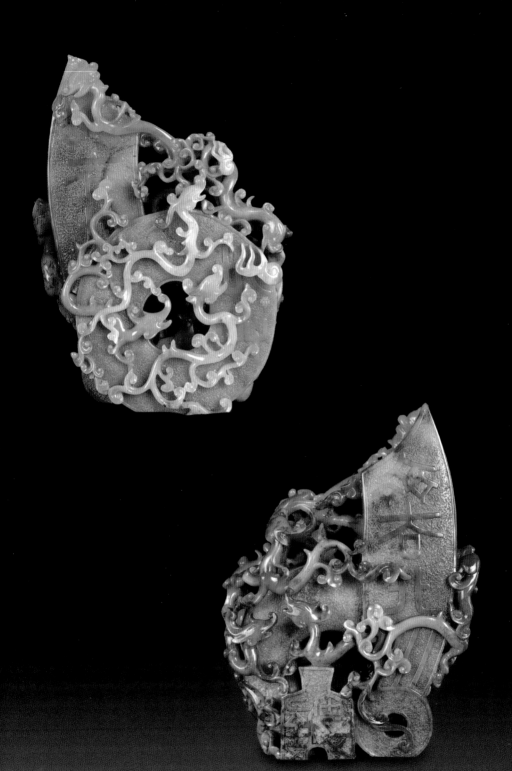

螭虎穿钺 · 阮章霖 作
四股四高山石

护犊过溪·逸凡 作
太极头高山石

太极头高山石：

其矿洞位于四股四高山矿洞左下方的小山岗上，所出产的高山石良莠不齐，石质佳者带黄味，通灵而细腻，往往有白色或黄色的色团，中间十分凝腻，周围逐渐淡化；其质地差者，色泽偏暗，有如"藕糕"色，有裂纹。20世纪80年代初出产了一批好石，红、黄色泽鲜艳，后期出产的白色石料，佳者以油养之通透晶莹似水晶。白中带灰者，则不能油养，上油后色会变暗赭色。

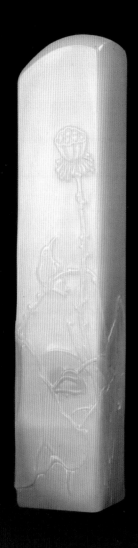

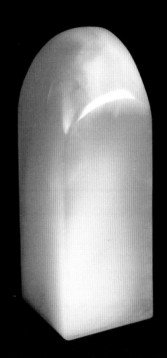

荷塘翠鸟薄意方章·逸凡 作
太极头高山石

太极头高山石素章
此石原是通体白色，不通透，经油养后
部分渐渐变得通透，且其色度转深。

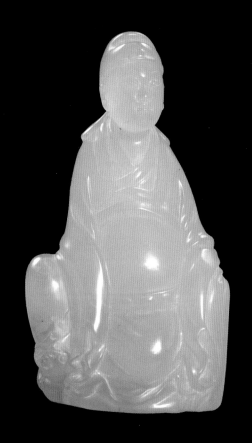

文昌帝 · 逸凡 作
太极头高山石

太极头高山石有两种，一种用油养后会变得通透，比如此石——原是猪油白色，经长期油养后变成了通透的高山晶石。另一种用油养后颜色会变暗。

衣锦还乡 · 林玉麟 作
太极头高山石

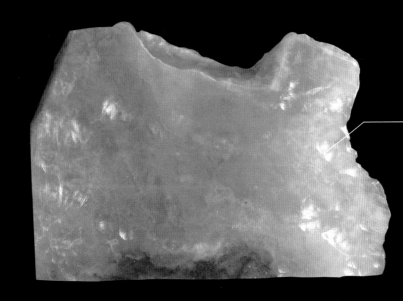

丝纹与荔枝洞
石的类似，而
质地又有坑头
石的感觉。

鸡母窝原石

鸡母窝高山石：

  其矿洞位于荔枝洞下方，接近坑头洞，所以它既有荔枝石的艳丽，
又有坑头石的晶莹。其白色多带有灰蓝调。

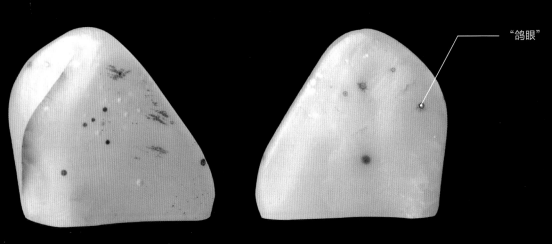

"鸽眼"

鸡母窝高山原石二件（正反面）
鸡母窝石中时有出现这种"鸽眼"纹，较少见。

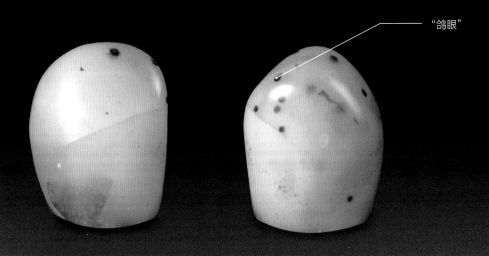

"鸽眼"

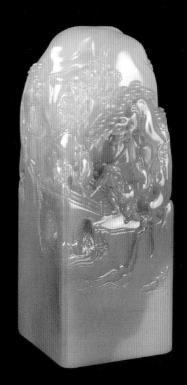

群螭戏珠·柏辉 作
鸡母窝高山石

秋山行旅图·刘丹明（石丹）作
鸡母窝高山石

知足常乐
鸡母窝高山石

海底世界·林霖 作

鸡母窝高山石

鸡母窝高山石吊坠两件

　　优质的鸡母窝高山石白色部分都很通透，且带有灰蓝调。其丝纹与荔枝洞石很像，两者的区别在于：鸡母窝石的红色有灵度，优于荔枝洞石，但黄色的质地不如荔枝洞石。

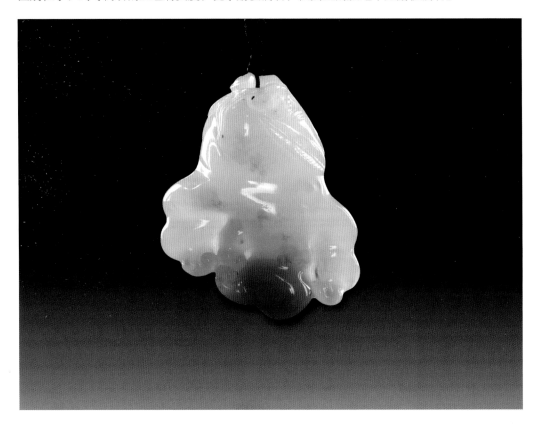

荷塘蛙声

鸡母窝高山石

鸡母窝石的红色部分有一定灵度，而荔枝洞石的红色多不通透。

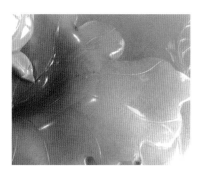

鸡母窝石的特征性丝纹

大红袍原石

高山鲎箕石：

其出产于高山西北面芹石村的山谷中，是 20 世纪 80 年代新发现的石种。因为这个山坳状似"鲎箕"而得名，全称为高山鲎箕石。鲎，是一种十分古老的海洋动物，被视为活化石，福建沿海常见，其甲壳可制成锅瓢，称"鲎箕"。鲎箕石是埋在山坡中的独石，有红、黄、白等色，以白色质最佳，外形多不呈卵状，但长期受土气的滋养，质地比较细嫩，肌理有呈直线状的丝纹。其质美者特征与田黄石相近，所以有"鲎箕田"之称。鲎箕石属于掘性高山石，产区之地无水，所以石性较燥且黄色多浅淡，易与田黄石区分。

20 世纪 90 年代新出了一种鲎箕石，红、白、黄、黑各色皆有，或浓或淡，或纯或杂，灰黑色的质地上有一些不规则的或大或小的红色斑点，边界清晰，有的还夹杂着小小的白色斑、黑色斑与红筋纹，饶有情趣，被称之为"鲎箕花坑石"。该石问世后，其红艳喜气的色泽引起藏家的

大红袍原石

关注，许多藏家觉得"鲎箕花坑石"之名称不能很好体现出该石的特征。
于是将红色艳丽光彩照人者冠以"大红袍石"之名，亦为收藏界钟爱。

有人把高山石中有丝状绵砂的石头都认作"鲎箕石"，这是有误的。
鲎箕石中的丝状是肌理的变化，而不是绵砂，带绵砂的石头表面是磨不亮
的，而鲎箕石可以。

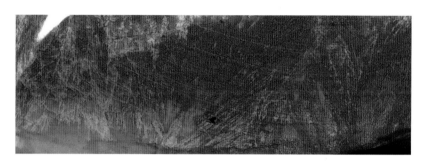

作品底部的特征性鲎箕石丝纹

皆大欢喜·林元康 作
鲎箕石

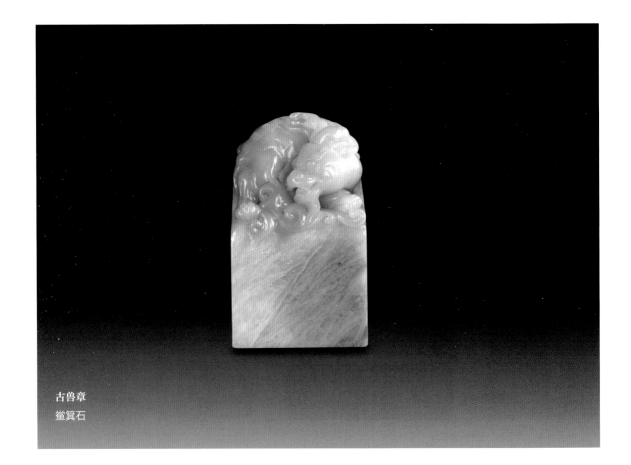

古兽章
鲎箕石

母子情深 · 林炳生 作
鲎箕石

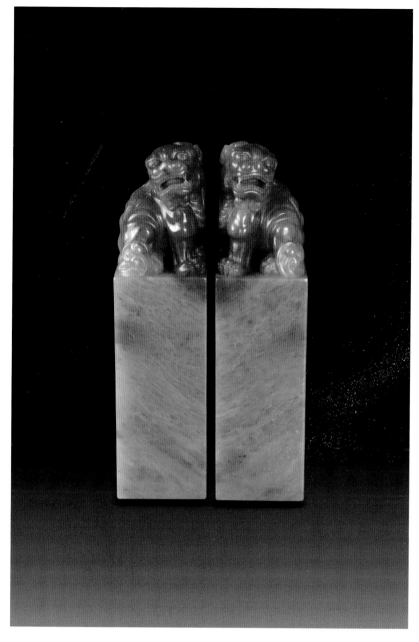

巴林石古兽对章

鲨箕石与巴林石：

巴林石产于内蒙古巴林右旗，也是"中国四大名石"之一。巴林石中亦时常带有丝纹，其丝纹一般是平行排列，犹如被刷子刷过。鲨箕石的丝纹分布均匀，呈绵絮状。二者的质地亦不相同，鲨箕石的母矿是高山，因此质地呈高山石的特征，嗜油，上油后质地会变得细腻；巴林石不吃油，上油后色会变暗。

古兽章

鲎箕石

白水黄石矿洞

白水黄石：

白水黄石产于高山东南面山岗的巴掌山下，早年所产之石质硬、透明，石中多裂纹，外表有黑皮，肌理现层纹，间有黑色或黄、白色点，有水黄、水白二种色泽。

水黄：色黄，似"碓下黄"，有纯黄、干黄之分。纯黄色者石质细嫩，干黄则色黝暗、质粗糙、干燥易裂。北京等地商贾常将质粗色黄的寿山石通称"干黄"，与其石不相干也。

水白：色白略带淡黄或淡绿，石质光润、微透明。其中质纯者，似月洋区域所产的"芙蓉石"。

因产量不大，且石中裂颇多，所以开采力度一直不大。

2011年，石农经报批、承包，对白水黄洞矿洞再开采，出产了一批石性半透明或透明，质地细洁，石色红、黄、白相伴的，石质、石色均优于以往的白水黄石，其石肌理时有黑砂点。

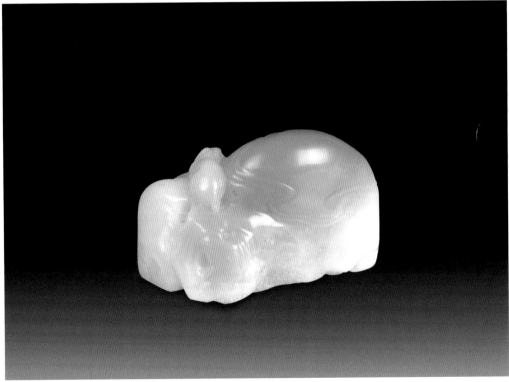

洋洋得意·逸凡作
白水黄石

女绣 · 刘文伯 作
白水洞石

寿星·刘文伯 作

白水洞石

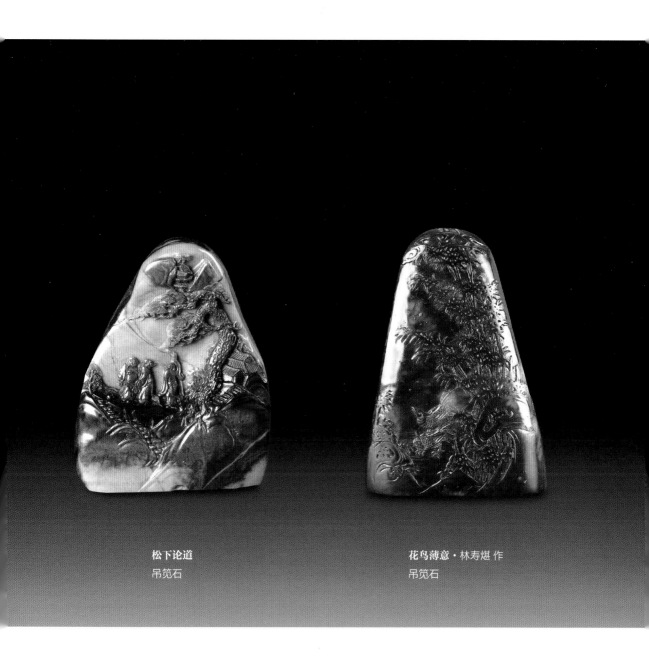

松下论道
吊笕石

花鸟薄意·林寿煁 作
吊笕石

色层分明

金砂点

吊笕石：

　　产于高山东北面之吊笕山。石材巨，质硬，含粗砂砾，多数不透明，极少数质透明，隐黑白纹者称"吊笕冻石"。色以黑为主，亦有黑中带灰白或带黄、红、白者。部分肌理呈黄色虎皮纹且通透者，称"虎皮吊笕石"。

这两块石头乍一看十分相似，其实一块是吊笕石，一块是高山石。吊笕石色多灰黑，其黑较深，色层分明，而高山石的黑多偏蓝，并非纯黑，且多间有红黄白诸色。

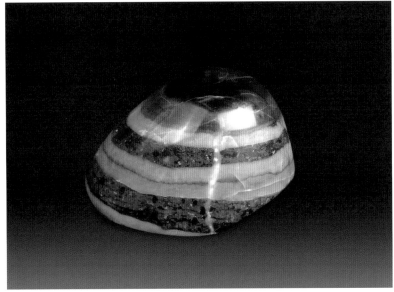

吊笕原石

高山原石

煨乌原石

煨乌石:

煨乌石是以火煅改变石种石性的"新"石种的统称，有煨乌石和寺坪石两个品种。

煨乌石自明末清初至今，石农常选寿山石中的粗石，埋于稻谷之中，用火煨烧，使其外表变色，如黑漆一般磨光后光彩夺目，称之为"煨乌"，以高山、奇艮、墩洋之硬者，煨以谷壳，火色正，则纯黑如漆；火色偏，则艳白如汉玉；火色过，则碎矣。

寺坪石：从寿山广应寺遗址及周边掘得的寿山石，统称为"寺坪石"。广应寺始建于唐代光启年间，后两度毁于火。寺中僧人藏石甚富，并有监制贡石的工场、仓库。后寺毁于火，藏石炙于火后与残灰废土齐埋。历经上千年风土水火的侵蚀和滋润，石色古意盎然，其灵气石韵非新石可比，故备受藏家珍重。明朝福州文士徐渤有诗云："草侵故址抛残础，雨洗空山拾断珉"，就是描写寺坪石的事。

第三节

高山石轶事

朱元璋与高山石

传说元朝末年，明太祖朱元璋少年时，家道贫寒，行乞为生。那时他的头上、身上长满了许多脓包疥疮，人们称他为"臭头"。一次，他来到福州北峰，当他爬上寿山高山时，遇上了一场暴雨，就急忙躲进附近的矿洞。洞内非常狭窄，而且十分潮湿，唯有一堆石粉渣还比较干燥，朱元璋就躺在石粉渣上，又饥又困的他很快就睡着了。醒来时，已经雨过天晴，他就走出洞口。让他感到奇怪的是，虽然浑身沾满了石粉，但是身上舒服多了，而且头上的脓包干瘪了，身上的疥疮也结了疤。后来，朱元璋建立了大明王朝，当上了皇帝，对这件事念念不忘，特别派遣官员到寿山，传旨寿山的僧侣开采寿山石进贡朝廷。寿山的和尚上高山开凿矿洞采石，留下了高山"和尚洞"的美名。现在寿山就有一个岩洞称为"皇帝洞"，还有个寺庙叫"九峰镇国禅寺"，寺内有一处房子传说曾是朱元璋住过的。

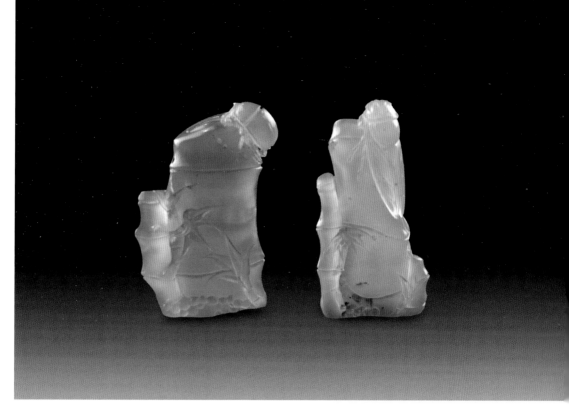

一鸣惊人 · 全意煌 作
高山冻石

冻石不是"冻石"

笔者听过一则有关寿山石的很有意思的故事：一位初入门不久的爱石朋友，有一方白高山冻石章，章体大部分都很通灵，就上部一处不通透，他听人说只要将石放在油中浸泡，就会全部通灵起来。可是浸了一段时间，还是没有改变，于是，他又去找人请教。被请教者听了后自作聪明地给他出了一个主意：只要把石章放在冰箱的冷藏室冷藏一段时间，那处不通灵的石质一定会通灵起来。这位朋友觉得有道理，就把石章放在冰箱中冷藏起来。几天以后，他迫不及待地从冰箱冷藏室中把那枚石章取出来察看，让他哭笑不得是本来一点格裂都没有的一方好石章，现在，章体中竟然出现了几道格裂，而且那处不通灵的部分还照样不变。后来一位有这方面常识的人告诉他，这是因为高山石含水分高，水经过冷冻会结冰，水结冰后体积会膨胀，所以石章就出现了格裂。

南方气候潮湿，高山石在南方就显得比较滋润，到了北方，气候干燥，高山石就一定显得干燥，这就是因为石头里水分含量多少的原因。女人需要保养，高山石需要上油，同样的道理。

番仔象钮章　　　　　　　　三羊钮章 · 20 世纪 80 年代作品

老高山石　　　　　　　　　老高山石

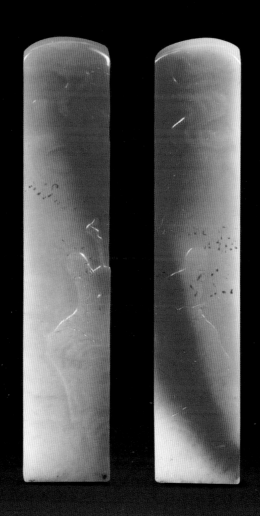

罗汉薄意对章 · 林清卿 作

高山石

民国时期的寿山石章一般体积不大，章面的规格多在 2 厘米见方，显得雅致，便于携带，受到文人雅士的推崇与喜爱。

第四节

高山石的保养

　　高山石的质地较软，适宜上油保养，因而有人称其为"财主石"。高山石经长期抚玩，作品表面会上一层"包浆"，颜色变得沉稳，业内称其是"火气褪尽"，更加古雅可人。

　　高山石作品不宜置于强烈的日光下，最好用玻璃罩住，或摆设于橱内，也不宜被强光长久照射，橱内宜置小杯清水，以免灯照过热导致石头内部的水分蒸发引起干裂。如果作品表面粘有过多灰尘，可将作品置于加了少许洗洁精的温水中，用长毛刷细心刷洗，风干后再上油，以植物油为好，无色的婴儿油或头发油亦可。长久收藏，上油后应用不透油的玻璃纸或保鲜膜包妥置于盒中。

　　前人常用晒成白色的茶油保养寿山石，用花生油保养会使高山石变色，而且作品表面会十分粘手。现在白茶油少见，所以常用发油代替，但发油挥发性强，在秋冬季节还是会干燥。讲究的收藏家会以婴儿油保养，对滋润石性很有好处。

　　高山石总的特征是色泽丰富而艳丽，色或浓或淡，或纯色或数色相间，色界比较明显，色泽的分布有一定的规律，此其一也；其二，与都成坑石、奇降石等质地较硬的石种相比，高山石质地细腻而微松，与其他石种相比含水分较多。有人说高山石像女人一样都是水做的，故遇酷暑，或秋冬气燥，石中水分易蒸发，石头表面会出现干燥现象，色泽也会变得黝暗无光；其三，高山石的透明度较强，谓之有"灵性"，所以纹理比较明显、变化万千、韵味无穷。

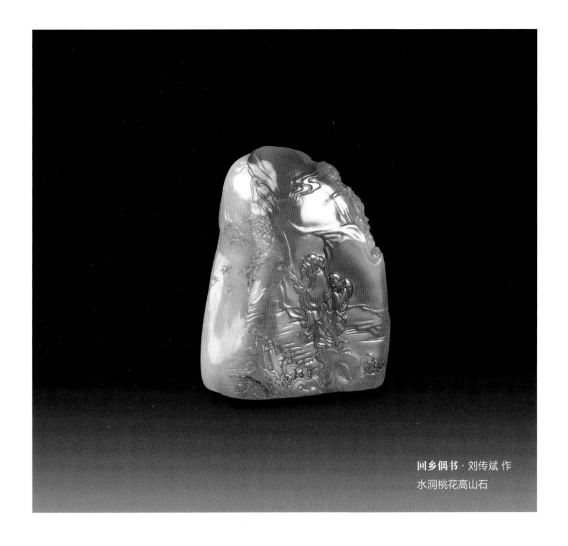

回乡偶书·刘传斌 作
水洞桃花高山石

虎 · 逸凡 作
高山石

秋山行旅薄意 · 逸凡 作
高山石

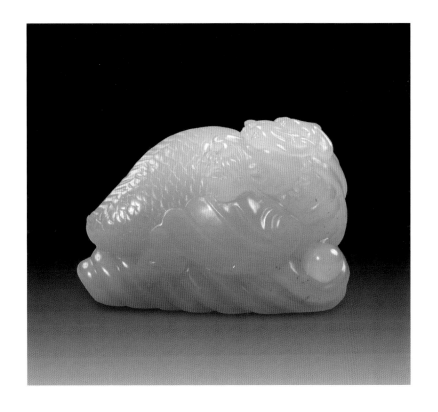

鳌龙
高山石

　　许多收藏高山石的玩家都说：寿山石中以高山石最富人情味，只要对它好，经常把玩它、保养它，没生命的石头也会通人性，变得愈来愈漂亮，不但石质会愈变愈通灵，色泽亦会愈变愈沉稳，连纹理都会产生变化。高山石的这种特性也是让人迷恋的重要原因之一。

　　国人爱石，代不乏人。自古以来文人常常寄情于物，以物拟人，东坡居士品茶品到妙处时，吟出"从来佳茗似美人"，游西湖时又有"欲把西湖比西子"的千古绝句。郁达夫酷爱寿山石，自认为与寿山石有缘，他与好友陈觉民谈论寿山石时说："寿山石如少妇艳装、五彩翩跹，眼花缭乱，应接不暇"。他所赞美的寿山石，应该指的就是色泽艳丽的高山石。老一辈歌唱家朱逢博对寿山石也情有独钟，收藏有不少寿山石，她特别喜欢一方桃花冻高山石章，认为"每一块石头都是一首凝固的歌。"

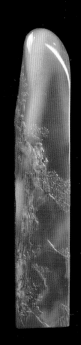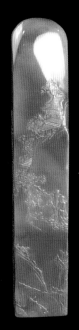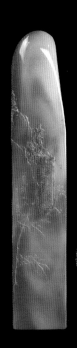

一览众山小 · 刘传斌 作

水洞高山石